当代顶级景观设计详解

TOP CONTEMPORARY LANDSCAPE DESIGN FILE

本书编委会・编

商业景观

COMMERCIAL LANDSCAPE

中国林业出版社

China Forestry Publishing House

图书在版编目（CIP）数据

商业景观 / 《商业景观》编委会编. -- 北京 : 中国林业出版社, 2014.8
（当代顶级景观设计详解）
ISBN 978-7-5038-7514-4

Ⅰ. ①商… Ⅱ. ①商… Ⅲ. ①商业区—景观设计 Ⅳ. ① TU984.13

中国版本图书馆 CIP 数据核字 (2014) 第 107328 号

编委会成员名单

主　　编：董　君

编写成员：董　君　张寒隽　张　岩　金　金　李琳琳　高寒丽　赵乃萍　裴明明　李　跃　金　楠　邵东梅　李　倩　左文超　陈　婧　姚栋良　武　斌　陈　阳　张晓萌

中国林业出版社 · 建筑与家居出版中心
出版咨询：（010）8322 5283
责任编辑：纪亮 王思源

出版：中国林业出版社 （100009 北京西城区德内大街刘海胡同 7 号）
网址：http://lycb.forestry.gov.cn
E-mail：cfphz@public.bta.net.cn
电话：（010）8322 5283
发行：中国林业出版社
印刷：北京利丰雅高长城印刷有限公司
版次：2014 年 8 月第 1 版
印次：2014 年 8 月第 1 次
开本：170mm × 240mm　1/16
印张：12
字数：150 千字
定价：88.00 元（全套定价：528.00 元）

鸣谢：
感谢所有为本书出版提供稿件的单位和个人！由于稿件繁多，来源多样，如有错误出现或漏寄样书，敬请谅解并及时与我们联系，谢谢！电话：010-83225283

CONTENTS

商业

COMMERCIAL LANDSCAPE

CyFair 学院
CyFair College

项 目 名 称：CyFair 学院
项 目 地 址：美国 Cypress
项 目 面 积：810,000 平方米

作为建筑师顾问，SWA 为 CyFair 校园提供了整体规划和全部景观设计的服务。校园坐落于西哈里斯郡，可以容纳超过一万名学生。在设计整体规划阶段，SWA 确立了两个至关重要的主题同整体校园设计相结合。首先，雨洪滞蓄要求设计师们设计一个遍布校园的湖区系统。第二，设计师们将乡土植物 Katy 草原草与设计相结合，这对保护有价值但却正在快速消亡的自然资源而言也是积极的一步。

从内部而言，多样化的空间促进了学生、教职员工和社区的互动。在校园核心区内，采用栽培植物的方式创造出了一种优雅景观，通过对比，更突出了周边草原的美丽。

CyFair 学院是休斯顿地区一个极其重要的地标。它给予了这一地区一种基于教育层面的荣誉。由于恢复草原的自然特性成为展示恢复方法的活教室，景观已经拥有了一种重要的教育任务特性，从而促进学院发展。

LEARNING COMMONS

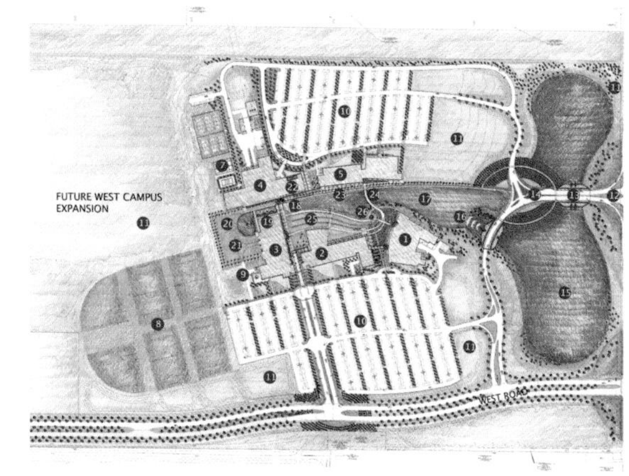
FUTURE WEST CAMPUS
EXPANSION
WEST ROAD

苏州金鸡湖大酒店

Suzhou Jinjihu Hotel Guesthouse

项 目 名 称：苏州金鸡湖大酒店国宾馆
项 目 地 址：苏州
项 目 面 积：315,000 平方米
景 观 设 计：东方园林-东方利禾设计院

金鸡湖大酒店国宾馆拥有得天独厚的自然条件，在景观设计中力求将景观价值最大化。

国宾馆场地地势设计构架为北高南低、背山面水，通过地形的塑造丰富了观景视野层次，将南侧的独墅湖湖景融入酒店景观当中。五栋别墅酒店隐于自然山体之中，面向中央景观内湖，承聚拢环抱之势。内外融合、远近呼应。

在造园手法上，种植形式自然，园建简洁现代，创造出具有时代气息的森林花园式酒店景观。

景观效果现场控制

项目在把握整体特点的原则下，通过不同阶段层层深入，进入到项目实现阶段——现场施工阶段。在此阶段，东方园林艺术控制总监深入系统的项目施工过程，进行跟踪设计，对整体效果的控制、保证细部设计成为保证项目效果的重要方面。

在景观效果现场控制中要点是通过园林各要素塑造空间、意境。

在此类自然景观为主体的项目中，如果地形是塑造空间的骨架，而植物种植就犹如穿衣，其他地面铺装、叠石理水、灌木花镜等就是细节的细致刻画。各个要素穿插渐进，综合协调，最终完成景观作品。

• 挖湖堆山　该项目挖湖堆山是关键，挖多少土形成什么样的山是园林施工的先行工程。现场设计必须结合图纸及现状感受，做适当调整，苗木跟进之后还要进行微调，达到空间起伏及高度要求。

• 苗木种植　园林现场施工过程，是具有创造性的、也是动态的、互动的设计过程。很多设计灵感是来源于实施过程中的。从苗木调研到将图纸展现于场地、种植图中的每一棵树立现，过程中会不断激发设计创造思维，根据树木形态结合现状做位置调整、空间平衡等等。

乔木是形成空间轮廓的重要组成要素之一。在现场种植中可以从景观控制点开始，着重处理林缘线、林冠线以及作为观赏节点的孤赏树、对景树。灌木能把单株的乔木统一，亦对草坪的边界进行了限定，这是灌木的空间限定作用。而灌木地被品种丰富，高低远近层次不同，是对景观细微刻画的重点步骤。

在以下所讲的几处不同性质的种植空间中，为实现空间效果的做了必要的现场调整。

a 面临金鸡湖的总统楼前设计定位为视野开阔的大草坪，两侧为密林种植。设计用了香樟、桂花、榉树、雪松、朴树等树种，为避免在实际现场感觉过于密实不透气，左右空间不互动，并且为增加空间的广阔气势，植物景观配置形式上需满足简单、统一与协调、平衡、比例与尺度等原则，本案设计强化了香樟以及桂花为主要树种也是当地树种，林冠线因树径规格大小搭配错落有致，边缘树前后错落、又隐又透，因此空间十分简洁、完整，给人感觉很有气势。

b 总统楼后坡地，是“咫尺山林”的空间定位。原设计主要树种为雪松，作为酒店项目，稍感肃穆，因此在雪松的基调上借助坡地增加了池杉、水杉等达到利用高低大小的对比组成一个层次丰富的林冠线，玉兰、乌桕、枫香等开花、变叶树种没与其中增加了色彩及季节变化。而灌木的种植隐没了山坡的实际高度，形成一个“绿化屏风”，耐人寻味。

c 园路的绿化，抑扬结合。局部利用道路的转折、树干的姿态将远景拉到道路的游览视线中来；局部道路的两侧增种了竹丛，对局部游览视线进行了有意的遮挡，形成了曲径通幽的道路景观。

d 水边植物种植避免等距离种植，要处理好水岸线的虚实关系，蜿蜒曲折形态变化各不同。结合现场要善于借景框景，生活中形态怪异的树在这儿或许在拐角或景观对景的地方，栽植一株或几株具有特色的树木，会得到意想不到的效果；水面植物注意留白不要太满，留出倒影位置。

• 叠石理水　水景是该项目的重要景观之一。水景是由驳岸这个“容器”来塑造，周边的植物景观来渲染的。景石现场塑造性强，艺术总监在前期调研中就参与景石的选样。包括前期与景石造型师就地讨论研究，比如堆山石瀑布时明确空间组成，确立主峰，走势，以及与植物的虚实映衬关系。

驳岸置石是点、线、面的概念。长长的岸线是由各个不同的景观点组成，而打破岸线、丰富水岸景观，一是要靠收放、疏密的处理；在岸线外植物中局部增加置石，增加了驳岸的厚度感，从而形成“面”的概念。

• 地面铺装　铺装材料选样、封样之后，在现场施工过程中主要把握交接细节，比如材料间留缝的控制、不同材料间的交接、铺装边缘与植物的处理。

现场设计的过程就是发现问题解决问题的过程，由开始发现图纸问题，到现场不断发现问题，直至解决问题。施工的过程时间紧、专业穿插复杂，更需要清晰的设计思路和敏锐的协调及设计能力

综合上述不同角度，一个好的园林工程需要有好的设计团队和施工过程的跟踪设计配合，以及充分理解设计、表达设计的施工队伍。在满足客户的功能需求基础上，平衡各景观要素，有清晰、整体的景观脉络贯穿始终，再加上积极紧密的现场设计的把控，结果可以是更为完美的景象。

上海绿地东海岸

Chuansha Shanghai

项 目 名 称：上海绿地东海岸
项 目 地 址：上海
项 目 面 积：146,225 平方米
设 计 公 司：马达思班

绿地东海岸 max mall 地处上海市浦东新区川沙镇，规划以“T”形的广场串起 3 个主要主题功能区域：酒店区，办公区，商业区。3 个区域主题明确，空间相互贯穿，业态彼此渗透。并用两层连廊的形式将 3 个区域系统地串联到一起。打造了酒店、办公、购物、餐饮、休闲、娱乐为一体的公图式 max mall。酒店塔楼则以每个客房为单元，以“方盒子”的立面形式出现。整个酒店以现代、简洁、安静、大气的形象屹立在空港之畔。办公区位于川沙路以西，锦川西路以北，由一幢准甲办公楼和一幢 loft 办公楼组成。均为全玻璃幕墙饰面。两塔楼遥相呼应，形体与高度相当。形成了新的城市地标“川沙双塔”。 商业区主要位于项目的西南角，有四栋不同的商业建筑及东北角的商务娱乐中心组成。四栋商业建筑有机排列，自成系统，基本形成一个长形的“回”字型态。空间形式交错缀加，沿街店铺紧凑排列。步行街将入口空间和商业广场有机的串联起来。营造出了一种公图式的购物空间。

City Life
Shopping...
2010.1
5890 9999

三亚力合海景公寓

Leaguer Resort Sanya Ocean View Apartment

项 目 名 称：三亚力合海景公寓
项 目 地 址：海南三亚市海坡开发区
项 目 面 积：13,174 平方米
设 计 公 司：北京中联环建文建筑设计有限公司所
设　计　师：方楠

海景公寓是三亚湾力合度假酒店（原力合度假养生中心，由两栋旧楼改造而成）的二期工程，位于酒店一期的西侧。作为产权式酒店，海景公寓中 70% 的面积可按商品住宅出售产权。为此，13 层的主楼分成为两个部分：2~4 层是酒店客房，5~13 层是公寓式住宅。

酒店客房均按普通标准间设计。公寓的主要户型是带有开敞式厨房的一室一厅住宅（实际是一种扩大了的酒店标准间）。在每层的中间部位以及 12~13 层，还设计了两室一厅的户型。为增强酒店接待会议的能力，在公寓主楼的南侧，设计了一个 400 平方米的多功能厅。

由于基地南面有一座 5 层楼挡住了部分海景，因此主楼建筑必须在不超过航空限高的情况下尽可能地拔高，以便让尽可能多的房间拥有良好的海景。建筑细部的设计则充分吸取了三亚的地域特色：如架空首层、长外廊、开敞楼梯间、架空的坡屋顶等等。与一期工程一样，架空的坡屋顶上设计了太阳能集热器。

北京“温都水城”之“水空间”

Beijing "Warm Water", "Space For Water" Landscape Design

项 目 名 称：北京“温都水城”之“水空间”

项 目 地 址：北京昌平区

温都水城位于北京市昌平区北七家镇宏福生态社区内，是宏福集团花费近四年全力打造的水主题旅游品牌。澳大利亚 SDG 设计集团受宏福集团的委托，完成了温都水城从总体规划到建筑设计到景观设计乃至室内设计及设备厂家和产品选定的全方位、全过程的设计。

"温都水城"地处平西王府旧址，正好在北京的中轴线上，他的北面是唯一流经北京的天然河流——温榆河，西面是万亩生态园区和京昌高速路，东面是王府花园和汤立路，东南、西南两三公里便是天通苑、回龙观两个全国最大的文化居住区，地理位置十分优越，交通便捷，环境优美，同时，丰富的温泉资源以及厚重的历史氛围均使该项目具备了成功的基础。

水娱乐中心是温都水城这一大型水文化娱乐综合体中的一颗闪耀的明珠，它巨大的矩形体量、曲线形的屋顶和现代建筑风格在周围其他温都水城建筑的中国古典建筑群体中十分醒目。水娱乐中心

以大众、家庭、儿童和青少年作为主要的消费对象，其中主要以戏水、玩水、观水为主要活动，其建筑面积约 2 万平方米，可以同时容纳近 4000 人在馆内进行娱乐消费，是亚洲目前比较先进的以水为主题的水上娱乐场馆。

水娱乐中心平面为规整的矩形，由于水娱乐设备的要求，主体空间高大而单纯，北面局部为三层或四层。建筑形式采用了一种完全现代的手法，规整通透的玻璃幕墙加上波浪型屋顶，同时穿插一些色彩明快的体块。建筑中的水空间包含了室内和南向的室外庭院部分，立面采用点式玻璃幕墙使建筑更加通透，在引入更多的阳光的同时，把室内和室外的景观更加融为一体，使室内室外情景交融，互为景观。波浪型屋顶北高南低，为的是和南面较低的酒店、养生会馆和四合院等古建筑群在建筑尺度上协调呼应，在北面向上隆起，对北面的大型停车场形成控制性高度，远远看去仿佛手搭凉棚远望的主人在期待客人们的到来。

进入水空间，其中主要分有 3 个区：东区、西区和北区。

东区以具有国际标准比赛游泳池和造浪池（人工造浪达 216 种）为核心，配有太空盆、太空梭、竞技速滑道等先进水娱乐设备。

西区以漂流河围绕并串联起滑板冲浪、儿童戏水池、互动水屋、天网、鳄鱼池等。

北区地下一层至四层除了主入口大堂（首层）、快餐区（二层）、休闲区（二层）、全景贵宾休息间（三层）、VIP 俱乐部、水下咖啡厅等外，布置了配套用房、服务办公和设备机房等。

南面有室外泳池、儿童池、温泉泡池等，与室内相互融通，形成一体。

水空间的景观设计包括室内和室外两部分。

室内景观

室内景观也分有 3 个区：东区、西区和中央区。

东区以造浪池和人造沙滩为主，主要营造出开阔通畅的感觉：浅色人造沙滩、深色木地板休息区等硬质铺地配以高大的棕榈树以及低矮的蒲葵、八角金盘等绿色植物，使整个主要空间在视线范围内基本没有遮拦，人们的视线越过低矮的植物可看到室外泳池和景观绿化，增加空间的延伸感和连续性。造浪池蓝色的"海"面东西两侧是白色曲线防浪墙，增加了立面的趣味感的同时契合了造浪功能的需要，使人引发出无穷的想象。

西区以漂流河盘绕的岛型和半岛型区域为主，包括滑板冲浪、儿童戏水池、互动水屋、天网、鳄鱼池等主要区域，其间通过 6 座造型各异的景观桥相互联系或与中央区联系。东区由于功能较多，占地面积较小 在景观设计中力求营造出步移景移 别有洞天的氛围：沿漂流河前进，时而驶入发着幽光的溶洞，时而进入热带丛林， 一会儿室外天高云远，一会儿室内低矮桥洞；沿蜿蜒小路前进，是处处水花四溅的互动水屋，绕过层层叠水的儿童戏水池，又会看到勇敢者游戏——滑板冲浪等等。漂流河采用自然石与木桩为河岸，一些钢柱采用缠麻处理，这些自然材料与西区整体的氛围相协调。

中央区是自更衣后进入室内时正对着的一小片区域，是东区西区和入口之间的缓冲区域，其间布置了 9 棵高大的霸王棕，树池中设置各种绿植花卉，树池外围安排了休息座椅。沿西侧防浪墙设计了两个小型的儿童池，既利用了空间，又便于家长的看护池中嬉戏的幼儿。

室外景观

室外景观主要分南北两区。北区为大型停车场和主入口广场，南区为室外休闲戏水区。

鉴于明确的"水"主题，水娱乐中心北广场的一切都以这个主题为核心。整个广场可停车近 500 辆，设计除考虑停车外还考虑到将来举行大型演出、大型集会等多用途的需要，没有种植高大的乔木，而以草地和彩色有机理地铺地为主。地面采用 Bomanite 彩色地坪，水网纹单元肌理，蓝色飘带图案呼应了建筑屋顶形式，同时又如同在地面上画上了一波又一波的海浪。入口广场沿建筑长向设置了 140 米长的水舞音乐喷泉，随着音乐起伏，水柱时而喷射高达 12 米，时而在人们脚边欢快涌动，加上空中的水雾造成的彩虹以及如同海洋般波光粼粼的地面使人们在进入水娱乐中心之前就置身于"水"的环境之中。而入口广场的跳泉拱廊、喷水巨鲸、跌水水池均强化了这一效果，加上夜晚立面上以"跳跃的雨滴"为主题的霓

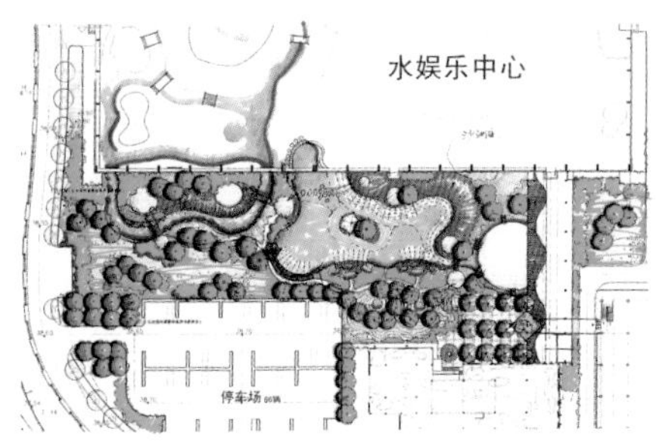

虹灯以及螺旋水纹般一波又一波流动的入口照明，使建筑无论在白天或是夜晚都能有着迷人的魅力。入口两侧的喷火柱更是为意犹未尽的人们增添了温暖的回忆。

入口广场的地面在西南角被掀起形成了广场空间的转折点，掀起的地面西侧便是具有 300 年历史的平西王府铜井，传说中其水质甘甜清澈，因井壁施了铜釉成金黄色而得名。2005 年底在广场施工中被发掘出来。为了更好地对其进行保护，特修建古亭供游人参观。保护亭在建传统形式还是现代形式上有过相当一段时间的争论，从专业角度来讲，现代形式与建筑整体更加和谐，而传统形式对普通人来讲更容易接受，更容易加强对古井历史的认知。实践证明现代建筑与古建亭子的强烈对比从旅游角度来讲是能够被接受的。

水娱乐中心南面的室外休闲戏水区，是水娱乐中心戏水活动的一部分，是室内水娱乐空间的延续，它包括室外泳池、儿童池、温泉泡池等，在景观设计中将其与室内泳池、漂流河一并设计，相互融通，混然一体。其室外泳池采用自然曲线形造型，水面围绕的阳光岛上有张拉膜伞盖和休闲躺椅，是沐浴阳光的理想场所，西侧设置水中汀步，供儿童玩耍。泳池南岸有水边与林中温泉泡池，可边泡温泉边欣赏周围水景以及绿树蓝天。西侧漂流河室外区计划放置 6 头大小不一的喷水象，向漂流河和儿童池中喷水，在出其不意中给人一份水中的惊喜。东侧是半圆阳光浴区与室外草裙舞演出舞台，以东面连接水娱乐中心和理疗中心的连廊为背景，加上各色植物配置，使人联想到南太平洋的滨海度假胜地。

浙江丽水华侨开元名都大酒店

Landscape Design of The Overseas Chinese in Lishui, Zhejiang New Century Grand Hotel

项 目 名 称：浙江丽水华侨开元名都大酒店
项 目 地 址：浙江丽水
设 计 公 司：杭州市建筑设计研究院有限公司景观所
设　计　师：陈接元

本项目包括地面景观部分和两个屋顶花园景观。

主入口正面为一个椭圆形绿化水景区域，修剪整齐的草坪，已及线条犀利的片石和跌水墙构成了一道美妙而现代的酒店入口景观。左边为停车场地和地下车库出入口。右边为大客车停车位和下沉广场区域。下沉广场上的大树池中种植两棵大树，供游客休憩纳凉。特色的水中栈道和喷泉水景，都提升了下沉广场的商业气氛。建筑东面为商业街广场，设计特色的铺装和休闲树池。场地北面为两个车行出入口。

地面景观的中心为主建筑楼西北面的景观休闲空间。在道路的转角处设计一个花架休闲广场，精心设计的花架和周边植物交相辉映，特色的园林旱溪连接一个景观圆亭，蜿蜒的小园路贯穿于绿化中，从楼上鸟瞰，形成独特的景观点线面的结构。

西面的屋顶花园主要是商务休闲场地，精心设计了如花架、木平台和跌水景墙等。

东面的屋顶花园主要是健身网球场地，外围设计特色通道和休闲长条座椅。

网上银行
Bank
Bank

郑东新区 CBD“郑州之林”

Zhengdong Cbd " Zhengzhou Forests" Green Space Landscape Design

项 目 名 称：郑东新区 CBD “郑州之林”
项 目 地 址：河南郑州
项 目 面 积：288,700 平方米

现状分析

A-74、A-75 地块位于郑东新区 CBD 的西北部，A-74 地块面积约 23.91 公顷，A-75 地块面积约 4.96 公顷，两块地的面积共约 28.87 公顷。

规划上，最初这两块用地的性质是学校，周围设计了一圈约 50 米的学习林，后来地块性质改为公共绿地。我们保留了原先的"学习林"的概念，并将概念发展成为"郑州之林"。地块西侧是郑州市老城区和郑东新区之间的重要景观大道——中州大道，东侧是正在建设的环 CBD 的高层建筑，南侧和北侧是 CBD 的放射型道路。

设计思路

CBD 地区从整体上谋求让后世感到自豪的文化价值，创造与自然、历史、人与城共生的城区。这点就是我们常说的人与自然的共生。我们希望经过建设，创造"绿"、"城"一体的优美环境，通过环境的建设，带动绿地周边的城市发展，吸引投资，从而最大限度的

发挥绿地的综合效益。

我们将通过 3 种特征表现“郑州之林”：

• 地域特征 "郑州之林"所要表现的首先是地域特征："水中可居曰州。"黄河流经郑州，沿河两岸留下了滩涂洲屿，这种水和陆地的结合方式是一种经过数千年的河流冲积形成的地域特色，也是沿河流城市的共同特点。我们心目中的“林”不是纯粹的林，和林相应的必然会有地形、流水等自然因素，因此我们决定采用这种最能反映中原地域文化特色的方式来提供“郑州之林”存在的根基。

• 城市特征 城市的特色在近些年越来越受到重视，城市特色可以反映一个城市的生长过程、反映城市历史文化的延续程度，具有明显特征的城市很容易给来访者留下深刻印象。这里，我们更强调郑东新区的特色。黑川事务所规划的郑东新区在城市家具等方面具有很明显的特色，我们的设计中将延用这些专门设计过小品、灯具等，使这两块绿地在风格上和其他地块更加接近。

• 绿地特征 郑州以“绿城”著称，目前郑州正在努力建设“森林生态城”。城市中的悬铃木参天遏云，是街道绿化的主要树种。这两个地块主要表达“郑州之林”，一方面要有郑州附近的自然中的天然林木特点，另一方面也要有目前郑州最常用的树木。符合这两个方面才能称得上“郑州之林”。

陈之佛艺术馆

Chen Zhifo Art Architectural and Landscape Design

项 目 名 称：陈之佛艺术馆
项 目 地 址：浙江慈溪
设　计　师：邵健，周浩，马列，陈莺，

陈之佛艺术馆位于浙江慈溪市区，用地面积为 4,828 平方米，故居面积约 270 平方米，扩建面积为 2,100 平方米。建筑以陈之佛故居为基础进行了扩建，总体布局采用浙东民居的院落形式，建筑借鉴了浙东民居的建筑风格，为满足展示需求，建筑"传统出新"，流线、空间、构造等既保持本土特色又满足当代审美需求。

陈之佛先生是中国近现代卓越的艺术家、教育家。其作品以工笔花鸟为主，追求淡泊、宁静、雅洁、清幽。建筑设计力求秉承这一格调，"含和、清雅"意境塑造是对陈之佛先生最好的纪念，又贴切地表述了艺术馆设计的内涵追求。

庭院保留了故居原有栽植，对铺地材质等加以延展，形式上以传统造园、理景的手法处理， 使用上把各部分的建筑更好地融合起来，不仅是参观途中舒适的小憩之地，更重要的是，设计有意识地将江南私家庭院转化为艺术家与普通市民交流的场所。

Adelaide 动物园入口专用区

Adelaide Zoo Entrance

项 目 名 称：Adelaide 动物园入口专用区
项 目 地 址：澳大利亚 Adelaide

Adelaide 动物园入口专用区在澳大利亚 Adelaide 的一个曾经被忽视的部分。忽略掉动物园及其周边地区之间的传统边界，新入口让游人观赏到动物园来自公共前院的景象。该动物园拥有澳大利亚第一个专门设计的“绿色屋顶”，以支持野生动物居住所和原生植物“生活墙”，使其成为一个重要的园艺公园和研发中心，以及世界级的动物园。

这是一个物质、文化和组织战略整合的结果，Adelaide 动物园入口专用区是围绕节约、环境、教育和研究的核心驱动程序设计。

入口专用区包括一系列相互关联的前院，这些前院开拓出 2,000 多平方米以创造一个道路、绿地和水路之间的自然过渡和实体连接。穿过前院的这些新连接可以来到咖啡馆和展览区，而且是通过安全、明亮的途径。本案还修补植物园曾经不安全的部分——展示城市设计的变革能力，促进安全、健康和适宜居住的城市。

专用区支持一系列公共前院内的文化活动。该 300 平方米的

桑托斯保护中心包括一个灵活的展览空间，它是可以从前院，一个100座的电影院，设施、信息和定位服务中心进入的。前院也旨在鼓励社区市场及养护行业活动。

项目的景观和建筑形式已被视为一个单一的交织环境去创造一个独特的澳大利亚公民空间。专用区的外部调色板和材料反映出澳大利亚结合木炭、斑点胶木材和原生植物的景观。

专用区包括生活墙和绿色屋顶的多样化原型，这使得通过政府，Adelaide 动物园的园艺专家和多学科的设计团队之间的密切协作成为可能。

支持该项目的目标是实现栖息地的零净损失，生活墙展示的植物物种原产于 Adelaide 平原，并展示了动物园作为一个地方重要园—— 动物园 - 公园。" 绿色屋顶 " 这种形式在澳大利亚是第一款来支持野生动物居住所和生物多样性的形式。

这些"活"景观元素将演变以适应气候和生长条件，并根据植物的正常生命周期，反过来改变入口专用区随着时间的变化特点。正在进行的研究、测试和原型设计，以鼓励本土物种栖息的专用区来进一步刺激变化和演变。拥抱变化是不可或缺的设计理念，以确保专用区与社会、环境和经济发展的步伐保持同步。

山东雪野现代农业科技示范园

Shandong Xueye Modern Agricultural Technology Demonstration Park

项 目 名 称：山东雪野现代农业科技示范园
项 目 地 址：山东莱芜
设 计 师：潘鲁生，郭去尘，王健，魏溪清

雪野景区位于山东省中部的莱芜市，北接济南，东毗淄博，西望泰安。该设计项目力求通过创造以现代科技农业为基础，以技术密集为主要特点，以科技开发、示范、辐射和推广为主要功能，以促进区域农业结构调整和产业以及旅游开发，是将现代景观设计与传统农耕文化相结合的主题性农业科技示范园区。

景观规划设计中突出展示中国传统农耕文化与现代农业的结合，在设计上采用中国传统文化智慧的"二十四节气"及"五色土"等元素符号突出天、地、人之和谐的关系，结合现代设计手法再现于园区景观设计当中。

《今日美国》总部
Gannett/USA Today Headquarters

项 目 名 称：《今日美国》总部
项 目 地 址：美国 麦克林
景 观 设 计：MVLA（Michael Vergason Landscape Architects, Ltd.）
设 计 师：Lisa Tziona Switkin，Nahyun Hwang

在快速发展的维吉尼亚州 Tysons Corner 商业和零售中心，甘尼特报业集团 /《今日美国》总部成为一处与众不同的生态型空间。景观设计师提出的场地策略是：将室内与室外空间进行无缝连接，营造出一块宽敞的园区，包括屋顶花园和露台，滨水植物和一片保护林地。这个项目表明，精心构思的场地设计和修复具有相当的价值，可以创造出具备独特景观的公司园区。

甘尼特报业集团 /《今日美国》总部位于维吉尼亚州 McLean 的 Tysons Corner 地区面积达约 1.09 平方千米的 Jones Branch 分水岭的汇合处。项目占地约 10.125 公顷，东面毗邻 Capital Beltway 和 Dulles Access 大街的交叉点，西面是 Jones Branch 大街。景观设计师需要负责包括整个建筑群选址及场地和景观设计的各个方面。

这块尚未开发的场地包括 3 种独特的地貌特征：低地、草地和山坡。 低地位于分水岭的最低处，包括已破败的区域性雨洪调蓄池

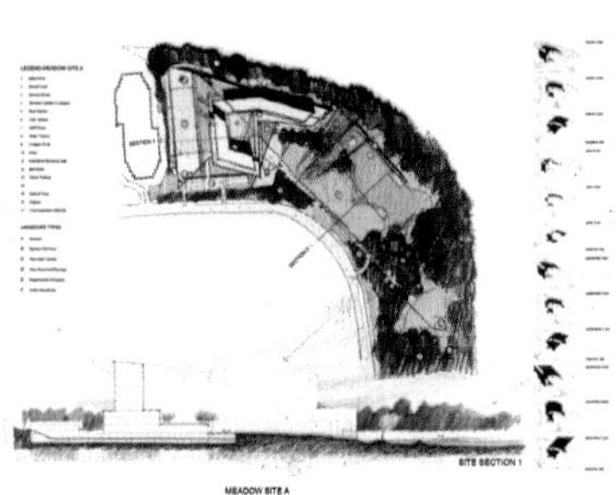

塘，服务 Tyson's Corner1/4 地区；为了附近的发展，草地曾是个填埋场；山坡的景色非常美，长满了高高的橡树。

在最初的设计阶段，客户希望把大厦及其附属建筑安置在山坡最高处，使公司拥有显著的地标标识，并可远眺华盛顿。经过周详的场地分析、光线研究和设计规划，景观设计师与建筑师一起说服客户将大厦的选址从生态良好、树林覆盖的山坡改至曾是填埋场的草地。场地选址这一重大变化标志着场地开发策略全面改变的开端。

在山坡上建造一幢地标建筑的建筑方案并没有被选中，而是采用了两个侧翼建筑围合形成一块中央空地的形式。中央空地作为整个开放空间的核心，保留了山坡上的原有植被，使之成为一处景色宜人的休闲空间。东南方位的选址保证了空地向阳，同时可以抵御冬季寒风，屏蔽高速路的噪音。

空地上方有面积为 2hm² 的屋顶花园和露台，方便公司员工在大厦中层进入户外空间。屋顶花园可减少雨水径流，同时，减弱了噪音，为楼板下方的新闻室提供了相对安静的环境。

以系列沟渠和平台花园的形式设计的人行道和雨水路径，强调出地形的利用。这种设计构思源于洪水过后伐倒的树木在森林陡坡上倾倒并打转所天然形成得空间形式。石墙在空地上依地势构建出层层阶梯，并通过连接前池和区域雨洪管理池塘的河岸阶梯水池疏导雨水。这些石墙形成层层草坪和种植区，以及众多沟渠、池塘、壁龛和嵌槽楼梯通道，这些楼梯将可远眺池塘和远处山坡的各个私密空间连接起来。池塘的再循环水流经长满植物的水池时进行了氧

化和净化处理。大厦基础使用同样的石块构筑，使建筑和景观在质感上建立起一定的联系。

种植方案使植被得以完善，从林木茂盛的山坡一直延伸到低处的草地景观，雨洪管理的池塘变成野生动物的栖息地。景观设计师选择了大量野生的当地乡土树种和灌木。空地上种植了大量适宜在湿地和滨水区生长的乔灌木，如郁金香白杨、蓝果树、柳橡树、香甜花木兰，它们可提供必要的遮荫。沟渠和水池里生长着成片的蕨类植物、北美梭鱼草、香蒲。阶地的矮墙上爬满了爬山虎和美国地锦。

在高速发展的 Tysons Corner 商业中心，这一项目表明设计团队和客户的紧密合作可以创造出示范工程，将场地构造、开放空间、植被和建筑整合为一个富有联系的整体。它营造出独特的工作氛围，这是由场地修复和可持续性的设计目标所决定的。这是一个极好的范例，体现出周详的景观设计的价值和精心规划公司园区可用户外空间的重要性。

康菲石油公司全球总部
ConocoPhillips World Headquarters

项 目 名 称：康菲石油公司全球总部
项 目 地 址：美国 休斯敦
项 目 面 积：41,333.3 平方米

康菲石油公司总部位于休斯敦的“能量走廊”，是世界上企业园区设计典范之一。重建时，该项目新建了办公楼、医院、运动场所和公共空间。起初要发展成为一个富有激情的郊区景观，最新的设计在空间内结合了大量程序化的区域。

为了保存现有的活着的橡树样本，新的校园入口包括一个正式的停车场和一系列倾泻而下的水流特性。一个小的花园引导人们走向中心区域，包括大量私人用餐露台和一个可容纳 1,000 人的草坪。为了促进员工的健康，此处还设有一个宽两米的慢跑跑道和一个足球场。

ConocoPhillips

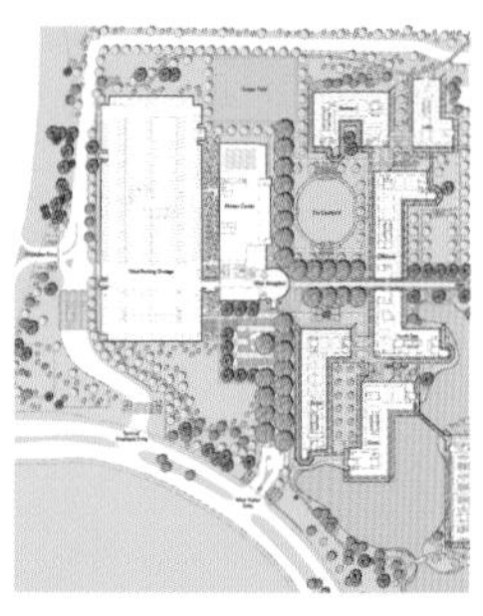

法院大楼
Little Rock Courthouse

项 目 名 称：法院大楼
项 目 地 址：美国 小石城
项 目 面 积：1,951 平方米

在小石城， Mikyoung Kim 的设计，发展了一个小镇风景，其框架来自国家历史注册表上从 1881 年建立的邮局和在 2009 建成的一个新的联邦法院。融合了雕塑和园林建筑中的词汇，我们设想这个地区是行人在走入这座大楼的必经之路，同时也将成为一个公民风景区。通过与社区、联邦法官以及总务管理局密切合作，我们开发了一个计划，整合新的流通模式，解决安全问题，沿着公园对面的街道构建一个优雅的种植方案。城镇绿地导致了一个延伸到街头并且拥有历史建筑和法院框架的一个公共广场。这个位于法院中心的雕塑为小石城公民提供了一个喘息和思考的地方。较小的流通领域、专业的铺装以及公园的设施和一个不锈钢雕塑喷泉为来自市中心繁忙的人们提供了一个喘息的机会。

ARVEST

STATES COURTHOUSE

LG 电子研究中心
LG RESEARCH CENTER

项 目 名 称：lG 电子研究中心
项 目 地 址：韩国 Daeduk

沉思区

花岗岩水幕墙邀请用户在进入沉思区，一个反映天空运动的地方之前，一路沿着水流。在水中的搅拌器会定期打破这面镜子。在这个空闲的入口花园，竹、苔、水和花岗岩是用来创建一个沉思的庭院和雕塑池。

翠竹园

LG 电子公司的屋顶庭院在韩国首尔， 由可以过滤光的几何排列的竹子，框架景观和提供一个郁郁葱葱的绿色背景的大型、开放式的庭院组成。

漫步花园

这 3 个花岗岩闸道框架了这个院子的入口。每一个都支撑着开启水中嬉戏的不同条件的水槽。 水元素各不相同，从一个反射的水池到一系列泄洪道，给在这个花园散步的人们视觉和听觉的享受。

麦克康内尔基金总部
McConnell Foundation

项 目 名 称：麦克康内尔基金总部
项 目 地 址：美国 雷丁
项 目 面 积：607,028.46 平方米

雷丁市位于美国加利福尼亚沙加缅度山谷北端，三面环绕着巍峨的群山。1964 年，卡尔·麦克康内尔和莉亚·麦克康内尔创建了麦克康内尔基金会，专门为雷丁市的公共项目提供资金支持，如更新消防车及配套装备或修建植物园、人行步道和桥梁设施等。20 世纪 90 年代初期，基金会的捐赠总额已达到数亿美元，因此迫切地需要扩大办公机构来不断增强人们的社会公共意识。

基金会新址位于城郊，占地约 60.75 公顷，此前一直隶属当地筑路局。筑路局沿水坝按地势高低挖掘了 4 个大水塘。成群的牲畜啃食着这里的灌木丛和草场，植被的根部甚至也被吃掉。草场的生态环境遭到严重破坏，土地不断沙化，湿地植被逐渐退化，当地的森林仅覆盖着一些零散的橡树。此外，由于城郊人口激增导致住宅密度增加，房屋随处可见。

基金会总部包括一座行政办公楼和会议中心，为捐赠者和访客准备的独立住宅以及一座公园。公园主要向行人、雷丁市民和不时

乘车而来的大型访问团体开放，同时它也是丘陵地带成功地进行生态修复的典范。

基金会新址和景观规划设计的源泉并非来自于该地块城市化的边缘或现有的植物群落，而是取材于 3 个地势不同的相邻大水塘，这似乎才是景观中最生动的元素。NBBJ 建筑师事务所设计的基金会主楼地势最高，与最高处的水塘相临。在建筑学上讲，主楼与两个主要的土建水坝形成一个几何三角形。两座水坝经过部分重建和铺面以后，不仅使水坝具备了完善的防御功能，而且形成从基金会总部延伸出来的三角形直边，从而使项目的占地更加开阔。站在主楼上，人们可以尽览不同地势高度上的水塘景致。甚至在户外休闲区或者沿第二座水坝种植的橄榄树形成的林荫小径上也能看到中间的水塘；同时第二座水坝与客房相连。大片的草坪仿佛瀑布般自上而下倾泻下来。

蜿蜒曲折的入口小路贯穿整个公园，与原来的地势高差相得益彰。它蜿蜒向上，穿过小山，并透过原来的一座橡树台与地势较高的水塘交相呼应。小山上的一大片柿树林在车流量大的时候可以充当停车场。游客沿着入口小路可以到达宽敞的迎宾广场和停车场。停车场顺应地势高差"隐藏"到山坡后面。石砌的迎宾广场宽敞宏伟，足以满足汽车转向和短期停车之需。与此同时，新植的橡树丛投下的阴影似乎使得广场微缩柔化了些许。

迎宾广场上有一个位于较高水塘边上的"岩石海滩"和一个石制防波堤。防波堤伸入水塘中，随即消失在喷泉的雾霭中。较高的

水塘两侧是一条沿基金会总部主侧翼的带顶步道，它一直从广场延展出来。步道靠近水塘的一侧放置了许多 U 形长椅。一排踏脚石从西侧草坪开始穿过整座建筑，一直延伸到较高水塘的水面上。

基金会总部主侧翼南端是一座用来纪念基金会创始人的小岛。一道可供人休息的石头边墙环绕着喷泉，仿佛抛光黑色花岗岩和平静水面组成的环形戒指一般，充满了灵动的气息。水面映衬着天空，倒映出不同景致。一圈落羽杉构成小岛的边界。落羽杉是雷丁市鲜有的植被，它是一种每年落叶的针叶树，有着明显的季节周期并且在自身的生态系统中与静态水环境息息相关。一座花园将靠近建筑的小径和草坪与纪念小岛分离开来，花园里种植着异国花草。

一条带有石栏杆的碎石小路沿着上层水坝平行而设，形成俯视低层水塘的直线形人行道。单排的郁金香强化了小径和围墙的轴线，一直融入主楼南端的景观中。庭院和侧翼的连接处饰有喷泉并种植着富有异国情调的植被，为楼内的每一间办公室营造出别具一格的花园景致。

整座公园视觉上似乎将原来的丘陵地貌抚平。表层土被更新，并种植上当地的开花草种。湿地的生态也得到修复，一年四季春意盎然。这与周边非灌溉草场夏末、秋天和冬天变黄继而灰黄的草地形成鲜明对比。占地的外围也进行重新造林，同时对基金会购买的住宅区进行绿化，以此来缓解住户的视觉疲劳。橡树、松木以及雪松有效地弱化了排屋的干扰。几年后，生长茂盛的树木就会完全阻挡排屋对基金会总部的视觉干扰，放眼望去，满眼皆是公园的葱郁和丘陵的绵延。

台湾光宝科技总部大楼
Lite-On Electronic Headquarters

项 目 名 称：台湾光宝科技总部大楼
项 目 地 址：台湾
景 观 设 计：JSWA Group
设　计　师：John Wong

台湾光宝科技总部大楼位于台湾的科技中心台北市。那里的建筑常常在高楼丛生的城市景观中丧失个体的标志性。总部大楼创造性地解决了建筑与景观之间的关系。在 LEED 认证盛行的时代，前沿的项目更是不甘示弱。3 个设计核心目标逐渐明了：设计节能、可持续性的建筑；突出景观，突出“绿”；将建筑与场地完美融合的设计理念。

SWA 的设计创造了一个可持续性的线性花园、池塘及小型瀑布水景。项目中没有采用传统的铺装模式，而是创新地将一层平台建成一座屋顶花园，这在台湾私人业主中还是首例。屋顶花园是典型的可持续设计，绿色屋顶可以贮存雨水，重新利用于灌溉。屋顶花园从二层空间倾斜，延伸至街道的水平高度。除此之外，倾斜的屋顶花园还与场地的整体景观相互衬托、辉映成趣。

台北地区雨季长并且常有台风来袭，屋顶花园中种植的灌木及其他低矮的地被植物可以降低风速。浅浅的土层在为建筑提供保温、

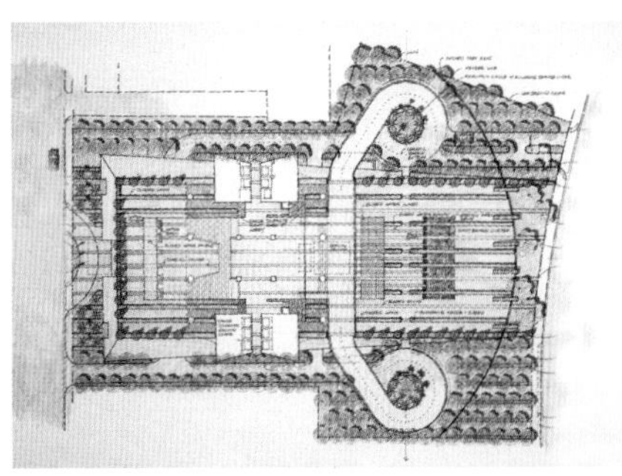

隔音功能的同时，没有给建筑本身增加过多的重量。树木种植在首层而非屋顶，以保护树木根部的发育。也正因为屋顶花园建在斜面的屋顶上，排水系统也可以应对雨季的暴雨。

上海市残疾人综合设施暨特奥竞赛培训基地

Special Olympics

项 目 名 称：上海市残疾人综合设施暨特奥竞赛培训基地
项 目 地 址：上海松江区
项 目 面 积：50,228 平方米
设 计 单 位：上海现代建筑装饰环境设计研究院有限公司
设 计 师：徐琏，何鉴，林源荣

上海市残疾人综合设施暨特奥竞赛培训基地位于松江区花辰路、茸梅路，总用地面积 396 亩，分两期实施， 其中二期（约 9 万平米）主要作为特奥会比赛用场地，特奥会以后布局及功能待定。先实施的一期(约 8.1 万平米)，总建筑面积约 4.5 万平米，是集医疗、康复、服务及安养功能的综合培训基地。

基于该项目服务人群的特殊性及该工程对上海的重要性，并结合特奥会的精神，设计师对这个项目的设计进行了特殊的定位，提出“无障碍”景观的设计概念，主要体现为“情感沟通无障碍、交通流线无障碍、身体康复无障碍、心灵康复无障碍”4 个层面，以期望营造出“关爱、平等、自强、和谐”的景观空间。

自在香山商务园区
Comfortable Fragrant Hills Business Park

项 目 名 称：自在香山商务园区
项 目 地 址：北京海淀区
项 目 面 积：209,000 平方米
设 计 单 位：北京中联环建文建筑设计有限公司
设　计　师：方楠（规划设计总负责人）

本案建设地段位于北京市海淀区闽庄路与旱河路路口的西北角，从这里看香山近在咫尺，而东北方不远就是玉泉山。地段平坦开阔，周围果园环绕，景色清新。

由于此地段属于商业用地，而这里的区位及环境特点并不支持大型的商业或办公建筑，业主决定在这里开发一种以小型办公楼为主的商务园区，所有建筑可商可住，强调空间使用的灵活性和适应性。

根据业主的要求，所有建筑都利用下沉庭院形成"双首层"的模式，以充分利用地下空间，并使小区内形成起伏变化的景观。在建筑立面设计上，我们用简约的语言强调办公建筑的性格，同时注意近人尺度的塑造。建筑立面使用了四种不同颜色的手工拉毛面砖，以突出自然、自在、尊贵的个性。

耐克公司欧洲总部
Nike European Headquarters

项 目 名 称：耐克公司欧洲总部
景 观 设 计：扬 Harberts
建　筑　师：威廉·麦克唐纳伙伴，夏洛茨维尔，VALocal

耐克公司欧洲总部的设计委托开始于15英亩的公司园区总体规划，项目刚好位于1928年奥运会的所在地。其主要设计意图有效地连接着眼前的背景，同时唤起希尔弗瑟姆和荷兰的可持续设计策略中更广泛的区域景观的感觉。实现这一点是通过采用树篱、allees、运河和乡土植物材料调色板这一系统，材料调色板包括乡土砖、 卵石、 碎贝壳和来自本地的石头材料。校园是由成“V”形的5座大楼环抱一个中央绿色大楼，中央绿色大楼位于500辆车地下停车场的上方。该建筑由一系列多用途的花园客房包围，每个都有不同的特点。调色板中植物主要源自荷兰本地植物社区，包含固氮树种以防止当地土壤营养缺乏。中央下议院大楼屋顶种植着广泛的绿色植物为大楼保持雨水的同时提供高的绝热设施。雨水收集系统是欧洲最大的蓄水池系统。

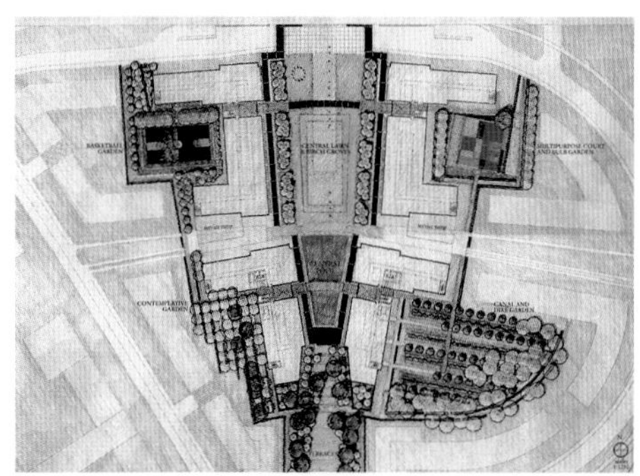
BASKETBALL GARDEN
CENTRAL LAWN & BIRCH GROVES
MULTIPURPOSE COURT AND BULB GARDEN
CONTEMPLATIVE GARDEN
CANAL AND DIKE GARDEN

约翰内斯堡大学艺术中心

University of Johannesburg Arts Centre

项 目 名 称：约翰内斯堡大学艺术中心
项 目 地 址：南非 约翰内斯堡
景 观 设 计：GREENinc

因为是竞争的格式，对于景观设计师来说，客户没有一个简明要求。在与同样要提交竞争资料的对手一起工作时，GREENinc 的主要目标是应对拟议的新建筑并将它们融入校园。

在分区中，某种房子已经酝酿了数十年。几年前，大学从艺术中心购买了马路对面被市议会早期城市规划方案指定用于歌剧院建设的一块土地。这无疑是大学想要构建一个音乐厅，以此来回馈当地社区的激励因素之一。该艺术中心提供了一个可观看表演的视觉艺术场地，并在周边社区设有安全停车场，吸引了来自更大的 Gauteng 的游客。建筑物和景观方面，如果 Willie Meyer et al 等禁止主楼，并是 Ben Farrell 同样标志性的中央景观，必须应对这种标志性。专业的团队希望艺术中心可以有欢迎的功能，从而让游客走入校园， 位于校园的东北角，大多数游客的到达点处会提供一个“前台的风景”来观看那些大规模的原始建筑。

GALLERY
GALLERY

ART HATH AN ENEMY CALLED IGNORANCE

基恩州立学院

Keene State College

项 目 名 称：基恩州立学院
项 目 地 址：美国 基涅州

自然科技中心庭院展示了一个成功的景观建筑在教学和学习、促进社会的连通性、支持社区，和提供自然栖息地的贡献。这种New Hampshire 景观的抽象解释创建在 20 世纪 60 年代重新设计的建筑庭院中。设计通过提供指导、示范、学习和研究的自然元素，增强了学习。它还提供了一个用于收集和思考的欢快的环境。

州立学院自然科学研究中心位于校园北部，其花园位于整个研究中心的腹地，被研究所的建筑物所包围。由于学院所在气候寒冷，四周围合的建筑物在冬季足以为庭院中的人们提供一个相对舒适的小环境。

自然科学研究中心庭院四面被建筑物呈"回"字形所包围，这些建筑物作为生物学、化学、地质学、物理学、地理学的研究所，屋顶上设有天文馆和温室。紧靠着科研中心的为女猎手礼堂，是一栋宿舍， 大草坪的东边为两座教学楼。中心西边为青年学生活动中心，南边为艺术中心和图书馆。

研究中心倚靠着直通学校大门的主干道 AppiannWay，车流量较大，北面有 4 个大小不一的停车场，其中 3 个毗邻学校的次干道 Blake Street。研究中心东边有两座教学楼，中间的大草坪除了在造景上具有一定功能之外，草坪中设置的 3 条路很好地连接了主干道、帕克礼堂和莫里森礼堂、研究中心的流线。研究中心西面的草地上也有一条类似功能的小路， 为的是将人群从人车共行的次干道上分流开来。

教学区考虑到教学的植被配置，讲述植物群落的演变过程。精挑细选的铺装材料展示地质演变的特征。保持原址水井，以测量地下水位，检测水质。

休息区以英格兰石墙分割空间，提供休息场地。天然的草地，提供聚会和集散的地方。特色大卵石，可坐可靠，围出一个私密的空间。

反思区以茂密的植物围合出静谧的空间，以营造一个最适合思考的氛围。

庭院的空间分上下两层，一层为露天庭院，二层是一个露台，可以俯瞰庭院。构成不同的景观层次。上层空间提供了交流、休憩、赏景的空间；下层空间设计巧妙，种植了丰富的植被。庭院共有 3 个出入口，分别位于南、北、西三面，交叉的两条道路最大程度的保证了交通，同时合理划分了场地。

庭院主要由 3 种空间类型，靠建筑物形成围合空间，草坪与大卵石形成 U 型空间，庭院的道路构成直线空间。

植被布置方面，乔木是最主要的植被，仅靠建筑物，构成庭院空间，减少压抑感；灌木在庭院中央与平台处，既保证了绿色景观，又不会遮挡视线；草本层位于乔木、灌木和建筑构成的U型空间，是进行活动的开敞处所；庭院乔灌草的搭配充分考虑了限定条件，通过"植物屏风"划分空间，保证了景观与实用性的双赢。

铺装材料的选择独具当地特色。体现当地地质组成，讲述地质演变过程；每一块石头从大小、颜色都纹理都是经过精挑细选的；考虑其实用性，选取当地风化的花岗岩。大卵石是整个设计中的重要元素：大的，是整个校园地质故事的节点；中的，可以作为休息的座椅；小的，散落在各处用以开展教学活动。休息座椅的形式也是多种多样的，草坪前的桌椅可以让人们停留，互相交流；木质座椅可以供人们小憩；随处可见的石凳让人们可以随时驻足。

植物选取方面，引入"户外课堂"理念，结合场地条件，选取当地的特色植物。尽管出于教学的目的在植物的选择上比较复杂，但整个设计大方美观、精巧雅致。"植物屏风"将空间分割开来，为开阔的空间营造出私密性、亲切感。

苏拉特 Osathanugrah 图书馆和东南亚陶瓷博物馆

Surat Osathanugrah Librarysurat Osathanugrah Library and Southeast Asian Ceramics Museum

项 目 名 称：苏拉特 Osathanugrah 图书馆和东南亚陶瓷博物馆
项 目 地 址：泰国 曼谷

苏拉特库是曼谷大学商学院校园的主要中心图书馆。前方空地区域是同样位于东南亚的陶瓷博物馆。Sangkhalok 是从泰国古都 Sukhothai 出土的陶瓷器，大约 700~800 年前产于古都周围发现的 kiln，并在旧时代作为出口贸易的重要商品。与陶瓷博物馆相结合进入体验并不妨碍图书馆的景观欣赏，景观建筑师和设计师产生了将博物馆建在凹陷地方的想法，这样博物馆的游客就可以体验到陶器是怎样被发现的。一系列的轧制草坪覆盖在一层层的土地下，被剥开以显示出下方的宝藏。

这些景观给学生聚集的图书馆的一楼主开放点以视觉链接。

水功能的引入是为了反映图书馆和下沿到博物馆入口斜路的形象。博物馆可以从校园主要行人处以两种方式进入。第一种是图书馆中心楼梯，位于步行区、户外休闲影院和草坪条的交界处。第二种是残疾人使用的瀑布水墙和使人想起古时陶窑的砖墙之间的斜下路径。大部分的活动和空地被放置在较低处或隐藏在常规的街道和行人道处， 以创建不同的各种远距离的图书馆的视觉效果，并增强考古学家发掘出宝藏时感觉。

Surat Osathanugrah Library

北京大学医学部

Peking University Health Science Center

项 目 名 称：北京大学医学部
项 目 地 址：北京海淀区
项 目 面 积：16,000 平方米
景 观 设 计：中外园林建设有限公司 Landscape ，Architecture Corporation of China
设　计　师：郭明

“一下雪，北京就成了北平”，这句子简简单单地道出了我内心的繁杂。一个现代的北京是否就可以肆无忌惮地漠视记忆？随处可见的病态代谢让北京膨胀、自满、渐渐失忆，似乎忘却了自己就是“北平”。作为一个土生土长的北京人，我的身份和职业决定了我的探索方向。我无数次试图将脑子里四散的美还给北京，又怕扰了一场和自己无关的梦。也许尊重现实，让北京享受现在就是对北平情结最好的抚慰吧。

“尊重现状，尊重生命”是我对北医三院这一项目的最基本要求。看似简单，却消耗了极大精力。反反复复的论证以减法的形式进行，每一次论证的同时我都面对自己严峻的拷问，自我精神折磨在这个项目的创作过程中起到了决定性作用，它让我更清醒地认识生命、理清生命与环境的关系。可以说这块场地的灵魂即是对生命的表达。把对生命的关注置于环境之前，对于景观设计来说似乎有些舍本逐末，但 20 年的从业经验告诉我，人文精神与场所精神在

挖掘到一定深度后殊途同归是一种必然，一个关注生命的景观，它的环境一定是优质的、经得起考验的。所以让生命表达与环境融合和谐统一、互生而存就是我想要得到的最终结果。

“消解”在某种意义上表现出了弱化主体的特质。它是一个均质的过程，如果这一过程能够时刻进行，那将形成永动的平衡，这样的空间具有无穷的想象力，它包含众多却平静如水，和太极在功能及原理上相似。这样的空间对于北医三院尸检楼无疑是适合的。用消解去创造一个具有无穷想象力和想象余地的空间，让这些想象力为生命和环境服务就是我对这块场地所做解呢。这就涉及到对景观空间的探讨，景观设计的一切。

如何形成消解实际上就是室外空间设计，空间应是景观设计的主角，它并不只是视觉的形象化，应是感官的集合，混合着光线、颜色、气味、声音、材质、温度与湿度等等，具有知觉复杂性。若要形成消解，关键就是让这些知觉均质化，其实就是空间均质化。空间的思维性决定了空间的片断性，片断性也是空间审美的一部分，它指主体对客体认识过程中，在任何一个时间片段上只能对主体的某一局部形成认识，而对主体的总体印象需要两次以上的认知合成才能得到。此特性表明均质空间是便于人们认识的，但这可能会给习惯普通空间的受众造成强烈的疑惑和心理暗示。人们会不自觉地思考每个片段的较小差异，进而产生自由联想。同时这些空间也会因人们所联想内容的巨大差异而形成对空间理解的巨大差异。可以说这样的空间在此刻被私有化了，既成为人们精神的容器，又表达

了这块区域的性格特点，尊重了精神多样性。

十字形具有天生的生命张力。在方案中，纯白的十字排列满除中心道路以外的整个区域，将空间自然均质化本身就具有强烈的生命暗示，散发着不可言喻的气氛。阵列式的十字排列，仿佛一个合唱团在一齐进行生命礼赞，宏大的主题被一种最含蓄的方式所表达，这本身就是浪漫主义的胜利，空间被悄无声息地诗化，一字表千言。

纵横的线条引导着人的思维向水平空间开放，无限延展，在形式上将思想无限化。在这里没有任何装饰来破坏景观的纯粹性，树木像往常一样生长在那里，好像从来没有发生过什么一样。一株株生命的实体自由地生长于原有的土地上，最大限度地尊重了场地原貌，也恰好表达了对生命的敬意。它告诉我们消解并不等于消亡，而是宇宙中的另一种存在形式，从无到有，再从有到无，无止境的往复、涅槃。也许我们终将在另一种形式中重逢。十字的交点在这样的环境下成为了空间的最佳体验点，伸展的四臂在某种程度上扮演着围合的角色，也是这种空间模式的功能所在，完整地体现了有机空间的性格，即事物的各部分互相关联协调而不可分，就像一个生物体那样有机联系。

既围合又延伸看似矛盾，但其实就是空间的生命特征，也是消解的本意，在表达的同时进行消解。天空被树冠有节奏地填充，疏密有致，斑驳的树影仿佛树木写给大地的信，健康的阳光默默为他们传递。而白色的十字又好像大地对生命的感慨，树木与它在风中，细碎地谈论着生命的伟大，谈论着生命和死亡只是循环的片段。

老子提倡"率性自然"，他认为人性和自然界一样，是不需要任何伪装与雕饰的，是出于一种质朴率真的本然状态的。我所理解的就是让精神与环境互为主体。北医三院的设计就很好的达到了这一点，言有尽而意无穷。人们可以在这里膜拜生命、体验生命，思考生命的一切。也是我一直所希望达到的，对于一个出生在北医三院的设计者，同时又是一个对生命消解的场地设计者，这里就是我生命的礼拜堂，也希望它也成为大家的生命礼拜堂。

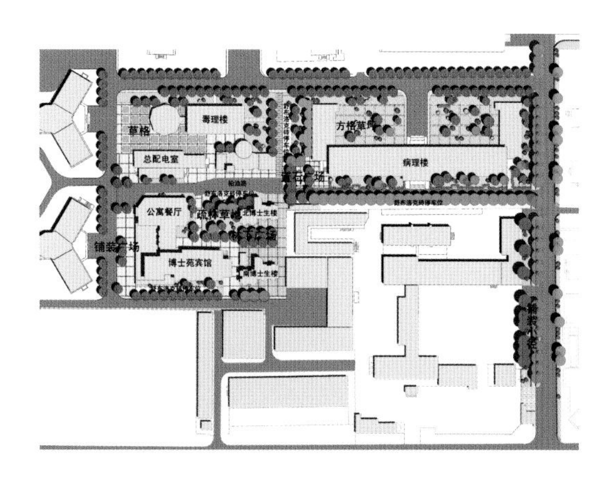

明尼苏达大学德卢斯校区斯文森科学大楼

University of Minnesota Duluth - Swenson Science Building, Duluth, Minnesota

项 目 名 称：明尼苏达大学德卢斯校区斯文森科学大楼
项 目 地 址：美国 德卢斯
景 观 设 计：oslund.and.assoc. - Thomas Oslund FASLA, FAAR; Misa Inoue, RLA
设 计 师：Ross Barney + Jankowski, Inc.

斯文森科学大楼的设计灵感源自“科学展示”的概念，钢铁大楼周围生长着很多当地特有的植物品种。校园里有一个实验用湿地花园，主要用来种植野稻，对北明尼苏达的原住民而言，野稻有着极为重要的象征意义。同时，这个花园也是学生和教员的户外实验用地。

“科学展示”的概念所要表达的思想是“所见决定理解力”，因此新建的斯文森科学大楼包含了以下要素：中庭，玻璃幕墙教室，以及互动的室外学习和思考场所。用钢铁和砖石材料来装饰外墙，斯文森科学大楼成为进入校区的三大标志性建筑之一。大楼临近校区一条主干道，也起到桥梁的作用，将新建部分和原有的其他科学大楼连接起来。由于在新建大楼的室内外设计中增加了透明感，通常从外面不可见的活动被展示出来，从而帮助路过大楼的人们了解其功能，或者至少引起他们的兴趣。

设计师面临的难题是如何整合这些要素：透明的概念，室内外

互动关系，可使用的户外实验室，以便创造出既实用又美观的空间。解决的办法是构建两个户外庭院，一是方便人群流动，二是为学生和教职人员提供聚会场所。上层庭院位于大楼的西北角，方便聚会、学习和思考。庭院周围种植落叶树，设置坐台，还安装了三个金属网栅立方体，可以从里面点亮，常年使用，从视觉上强调出这里是一个学习思考的场所。

下层庭院位于斯文森科学大楼的南部，有个实验用的双层花园池塘，中间被曲线型的水泥堤坝分开。池塘同时用来收集暴雨之后形成的地表径流和从大楼屋顶流下的雨水。上游池塘种植的是野稻，野稻对北明尼苏达的原住民而言，有着极为重要的象征意义，它对原住民的生活方式起到决定性的作用。这样的设计是要传达出对北美原住民传统的认识和欣赏。设计师与部落代表和有关教员密切合作，收集了大量野稻标本，同时熟悉了解野稻的栽培方式。由于野稻对生长环境的要求极其特殊，设计师面临的挑战是如何在池塘中开辟出一小块适宜野稻生长的种植区。在最终的设计中，这个难题得到了完美的解决。设计师通过细节设计铺设了独特的水下种植床，创造出适宜野稻生长的水循环系统，同时方便了人们靠近种植区。下游池塘用来收集和排放地表径流，水从这里循环到上游池塘，水的流动对野稻的生长至关重要。这个花园池塘同时也是学生和教师的户外实验室。这么多的复杂要素被整合在一起，效果却如此简洁利落，设计师的才华可见一斑。

两个庭院的设计灵感均来自环绕德卢斯校区的北部森林景观。新栽植的北部森林树种提升了庭院的设计感。这些树木将大楼及其户外空间与整个校园景观联系在一起，同时也连接了校园周围的北明尼苏达州原生态系统，其实是在暗示人们：明尼苏达大学德卢斯校区是属于北明尼苏达州的一所大学。

斯文森科学大楼设计的中奖理由应归于景观设计师深思熟虑的整体解决方案，既解决了诸多复杂问题，又创造出简洁优雅的校园景观，不仅具有美学意义，也具备科学实用功能。同时，这种设计还成功的制造出进入校园的地标性指示，强调了"科学展示"概念中所代表的透明思想。

评委会评语："非常成功的设计。核心建筑连同精美的园艺种植创造出令人惊叹的效果。形式看似简单，却是深思熟虑和精心构建的结果。这种设计既出乎意料，又在情理之中。"

Anchorage 博物馆

Anchorage Museum Expansion

项目名称：Anchorage 博物馆
项目地址：美国 Anchorage
项目面积：1,333.3 平方米

Anchorage 博物馆扩建（AME）的新景观位于 Anchorage 市中心，并将作为城市普通市民的公园、展览空间和娱乐网点。此设计的双重性要求是在灵活和动态的同时，创造地方和身份强烈的认同感。

为使博物馆在大街上突出而又独特，并且符合城市的整体风格，为它创建一个合适的标识是很重要的。反映阿拉斯加中南部地区的自然历史，博物馆公民空间出现的理念来自广阔泥潭和 Anchorage 周围的落叶白桦林。这片景观，洋溢着桦树，环绕着半透明屏幕。西侧，多干树围城一个网络，越靠近建筑物越开阔，有单干树并能增加间距。这个城市森林让该公园有着开放性和可视性的感觉，同时也创造了这条街上一个引人注目的存在。其馏结构提供了一个连续的框架，这将激励并容纳艺术，另外还能满足全年庆典和活动的多样化。该 AME 街景设计考虑到景观廊，连接 Anchorage 市区和附近的公园，以及一个中转站、地下停车厂，一年四季的行人通道，

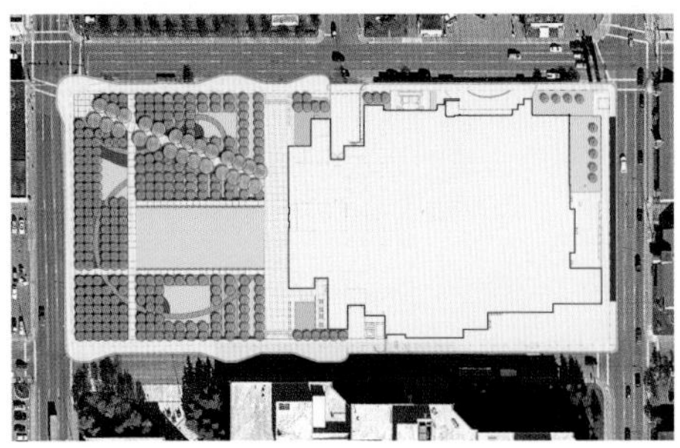

并解决了安全问题。

这个公园的植物大多原产于该地区。唯一的例外是公共和森林间的草坪，axial allee'的海棠花，排成一条长线的一年生花卉是在夏季和传统的意义上，贯穿Anchorage市中心的一个关键部分。桦树配合一个相关联的植物群落够成了罕见和重要的城市森林，伴随着其他元素是在生态和自然历史深深植根的简单的几乎简约的设计表达。这景观才是一个真正适合恢弘大气博物馆建设的景观。

ANCHORAGE MUSEUM

MUSEUM

ANCHORAGE MUSEUM

加拿大博物馆

Canadian Museum of Civilization Plaza

项 目 名 称：加拿大博物馆
项 目 地 址：加拿大 魁北克
项 目 面 积：2,600 平方米

加拿大文明博物馆由加拿大建筑师 Douglas Cardinal 设计，由两个展馆组成，其建筑有一个国家区分地理特征的惊人实施方案。公开展示翅膀复制了冰川的戏剧效果，策展翅膀的轮廓象征着雄伟的加拿大地盾，开放式广场模拟广阔的大平原。广场的布局和庞大规模均计划以这样一种方式，直观地纳入博物馆的建筑中，议会大厦横穿整个 Ottawa 河而栖息。然而，广场因为缺乏吸引力已许缺少游客很多年了。为了改善这种情况，我们扩展了博物馆的原始概念隐喻，使长期潜伏的生命重新复苏：大草原摇曳的草。

草原地形已经穿过山丘，穿过广场被重新创建并通过蜿蜒途径缠绕而穿，暗示这两个博物馆的曲线和柔和起伏的草原景观。花岗岩铺路石拥抱并突出了冉冉上升的土堆。一个城市草原的引进对环境来说创造了一个小气候，增加了生物多样性，减轻了热岛效应，提高了空气质量，总之，通过感官的吸引来诱惑市民，不以任何方式阻碍惊人的景色，即定义了这个地方。

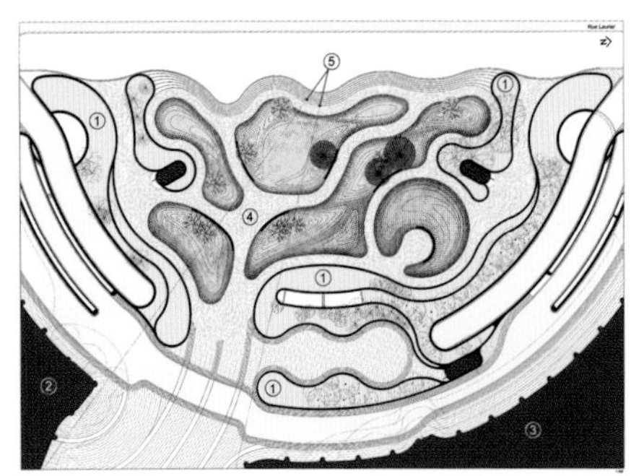
Rue Laurier
⑤
①
①
④
①
①
②
③

YOUR COUNTRY
YOUR WORLD
YOUR MUSEU

Hageveld 庄园

Hageveld Estate

项 目 名 称：Hageveld 庄园
项 目 地 址：荷兰 Heemstede
项 目 面 积：730 平方米（池塘）14 公顷（土地）
设　计　师：Berrie van Elderen，Marike Oudijk

庄园功能的变化

Hosper 制定了城市和景观的总体规划，以及 Hageveld 庄园的设计和地下停车场上面的人工湖上的（详细）设计。

庄园以前一直是个神学院，部分被用作一所中学。虽然 Hageveld 仍然有吸引力，植被已经被忽略，Voorhuis（前面区域）被空置。 新东家希望改造 Voorhuis 成豪华型公寓。在同一时间，Hageveld 雅典学院希望扩大 Achterhuis（后面区域）。

庄园的空间设计是基于 3 个同心壳，每一个都有单独的特点。主体建筑构成其核心，被葱郁的种植所包围，庄园外面是农田。两外壳充当（景观）公园。

绿色特点的恢复

总体规划的实施，导致了整个 Hageveld 庄园绿化和水系结构的修复和改造。庄园的绿色特点已得到增强，尤其是主体建筑周围。该建筑现在尽量多地实现“脚踩在草丛中”。庄园西侧的土地是买

来用以恢复被严重忽视的种植。树被种植在这片土地上。路径的走向和景观已恢复并扩大。

住在庄园

Voorhuis 60 个不同大小的公寓计划已经制定。每个公寓双车位的需求的唯一的解决方案，并能够遵守功能和道德要求是立即在 Voorhuis 前面建设一个地下停车场。

一种新的观赏池塘设计

庄园代表方的质量得到了保留，以及新的大型观赏池塘，就是被地下停车场入口“无形”的一分为二的建设得到了增强。

观赏池塘，有 730 平方米的水面，60 厘米深，有一个 COR-TEN 钢轮圈。观赏池塘的光轴将自然光引入地下停车场。开口部覆盖着彩色玻璃面板，其中的每一个都是本领域的一个独特的艺术品。在夜间，来自地下停车场的光线通过面板闪耀在上空是一种非常特别的效果。此外，水按时间间隔显示的仅仅在水面上产生小气泡的这种特殊喷泉而使庄园更有活力了。

梅萨艺术中心剧场
Mesa Arts Center Theater

项 目 名 称：梅萨艺术中心剧场
项 目 地 址：美国 梅萨

梅萨艺术中心位于梅萨城市中心轴线上，是整座城市举办各种集会活动的聚集点。

以弧线作为基本平面构图，室外景观以“异质晶族”的理念来安排整个构成。这个结构设置为城市建造了一面街道景墙，缓解了城市密度不协调的问题， 同时也对空间进行界定。通过一条精致步道，同时它也将人们自然地引入 3 个剧场。

人行道向前延伸是一条“阴凉步道”，这个豪华的步行区贯穿于一个造型粗犷的拱形遮阳棚。在这个沙漠地区，高强度的日光是整个环境最显著的特征，而合成的遮阳设施就成为整个设计最根本的构成元素。

“干枯的河床”，与林荫步道平行，由金色的石灰华瓦片和火山岩薄片线性铺设而成。虽然这里地处沙漠地区，但还是会阶段性地出现水量充沛期，进而唤起人们对曾经的水流充足的短暂回忆。

宴会桌，这个狭长的不锈钢餐桌内设有一个流水槽，酷似朗特

花园的水桌。宴会桌寓意各地宾朋汇聚于此，同时也为迎合剧场的艺术氛围营造了更加正规的社交环境。

相互重叠的阴凉、树木、可延伸的遮阳篷以及树篱为这个身处干旱沙漠的公共设施营造出一个凉爽惬意的绿洲。

街角弧形景墙前面，散置各色晶体的种植池别致而生动。

Columbusplein 市民广场

Public Square Columbusplein

项 目 名 称：Columbusplein 市民广场
项 目 地 址：荷兰 阿姆斯特丹
项 目 面 积：9,400 平方米

背景

Columbusplein 是在阿姆斯特丹西部的一个公共广场，起源于 20 世纪 20 年代，是 1920~1940 年城市布局的典型。最近这块地方经历了大规模的城市重建。社会住房的翻新，部分出售以促进"蚁居"（很多属于低收入群体和有移民背景人的居住所）的多样性。在过去几年， 社会紧张的局势，在这里是通过威胁青少年群体的行为，扰乱"正常"公共空间的使用表现出来的。

情况

细长的广场曾在 80 年代中期被分割成两部分，这两个部分的使用和氛围发展不同。南部是绿色的，一个在里面隐藏了小广场的僻静公园，成为一个回避区域。在北部的一个无序的布局，磨损了的游乐场设备，结合着一个未定义的沥青体育场。广场上的这一侧经常被相邻的一个小学使用，孩子们必须过马路玩耍。

分配

Carve 被要求去思考现有操场的整修。我们需要看整个广场能否应付真正的问题。我们认为公共空间应为所有人的集会场所，尽

量避免分配给特定的群体或分成功能不同的区域而分裂它。

由于没有额外的设施以吸引不同的人群来到这个公共领域，我们希望扩展广场本身的功能：方案活动和组织监督。不可避免的，我们设计出一定的（年龄）群体和功能，但我们始终追求用户能有积极性的空间并促进一些意想不到的活动。一个游乐场可以成为整个社会共享的地方，所有年龄段的人能流连忘返的约会、玩和运动的地方。

干预

我们面临的挑战是在一个公共广场内加入两个部分以刺激社区生活，而整个干预措施必须满足广场的城市历史和建筑背景。同时，也必须履行专员的意愿和用户对于娱乐性和花样性的愿望。我们举办了儿童和社区参与过程。该计划与许多有关方密切合作：参与监视和维护的用户和政党。

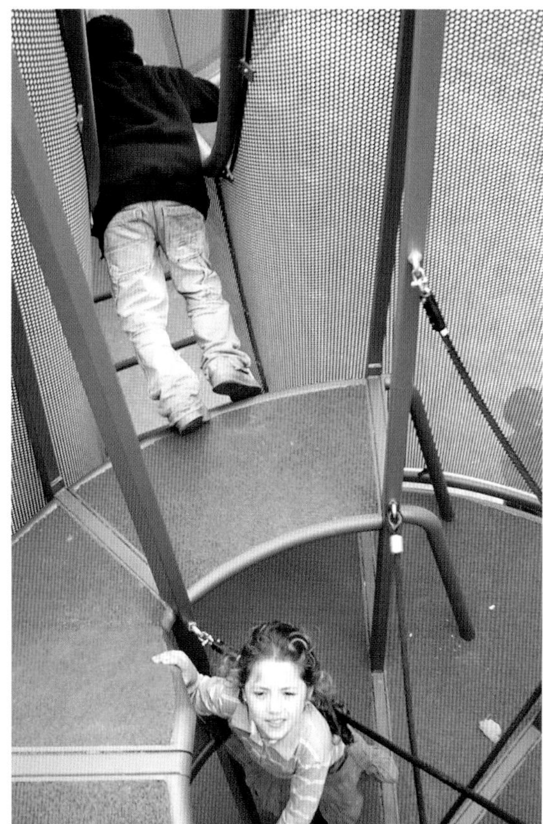

Mission 公园

Mission Park

项 目 名 称 : Mission 公园
项 目 地 址 : Boston, Massachusetts
项 目 面 积 : 3,333.3 平方米

设想作为一个城市的小树林，这个中心聚会空间代表社会在这个多样化，混合收入，住宅发展的融合。该设计可容纳一个复杂的程序，能够为居民提供具有多元文化与跨代用途的一些有意义的聚会和休闲的空间。太极、象棋、儿童游乐区和思考休息区允许各种团体对园林空间进行不同方式地运用。草坪区可在夏天日光浴，也可以为较大型的聚会，如庆祝中国农历新年、俄罗斯团结日，以及其他文化和公民活动提供场地。

广场景观设计侧重于提供借鉴新英格兰地区花园精神景观的Misson 公园。广场采用的路面材料将忍受漫长的、具有挑战性的冬天，而图案本身是基于住宅景观的人字形图案设计的。广场的模式是采集和通道区域在一起，同时带来一个人性化的大广场空间。花园里的雕刻着木偶的铺砌区，可以直接到达主要的切入点和公共交通。

种植物种是归化在新英格兰城市景观的物种。这些植物是能够

承受城市的苛刻条件的，大风、冬季盐化、土壤条件差、以及空气/土壤大的温差。设计考虑到解决居民关注的来自 Huntington 大街，容纳火车的拥挤的主干道和四车道车流的视觉和声音的甄别问题。由河桦木和榉分层围篱来过滤这些城市的恶劣条件，同时保持整个空间的安全问题。

在这个 30,000 平方英尺的项目是创建一个舒适的户外环境。由中央凸起广场早前定义，空间被暴露在附近 Huntington 大道交通和列车拥堵的地方。该地区的重新设计消除了等级的变化，并为这个社区的居民建立了一个普遍可观赏的风景区，同时丰富的植物，允许多种类型的方案活动在不同的花园同时进行。树冠、植物床和铺设路面的分层夯实了广场的团结和民主性。

2008 年世博会主馆

Expo 2008 Main Building

项 目 名 称 : 2008 年世博会主馆
项 目 面 积 : 250,000 平方米
设 计 公 司 : ACXT Architects

2008 年世博会主要区域的建设在几个方面具有相当的挑战。首先，由于 2008 年世博会是国际性的，具体的国际展览局（BIE）的形式必须适用。这意味着在设计所有的展馆时需使用相同的结构概念，并且要求被看作是一个单个单元中的项目。

这给 Zaragoza 提供了拥有能够融入自然和城市环境的一流的建筑群的机会。它也是设计展会现场的一个机会，一旦世博会结束，它可以以尽可能少的重建转化为一个服务和娱乐区域，这样就可以完成和巩固它作为城市的一个有趣区域。

大型屋顶不仅给予了整个项目的无缝外观和形象，而且还创建了一个杰出的建筑艺术和城市标识。最后，支撑整个项目的是“水与可持续发展”的理念和主题。它已经被视为动力而不是困难和障碍了。

SER AIRE

NAMIBIA

QUE SEREIS
AIRE

AGUA

malta

波士顿儿童博物馆

Boston Children’s Museum Plaza

项 目 名 称：波士顿儿童博物馆
项 目 地 址：美国 波士顿

在美国波士顿国会大街上，有一幢不起眼的楼房。这家 1888 年的羊毛仓库，而今已成为波士顿儿童博物馆的所在地。每天，一辆辆深黄色的大客车络绎不绝地驶来，不同年龄的儿童们一批接一批地到这里参观游览。波士顿是美国最美丽的海港城市之一，但是很少有能供普通大众观赏海景的地方。波士顿儿童博物馆就是其中之一。波士顿儿童博物馆的正门不久前刚刚从国会大街移至面对水前区港道的位置。这一变化使得该博物馆可以直接纵览整个港道及向外延伸到波士顿港湾的全部风景，由此，前来博物馆参观的人们就能够更加亲近于海岸。如果从外面街景来看，人们在海港漫步的同时，就可以看到博物馆内的活动和展览。而从博物馆内的每一层看出去，透过大面积的玻璃外墙，参观者们也会对海港及水前区港道有一个连贯的认知。从博物馆所在地，通过水上的士可以将陆地活动与外围广袤水域相连接。博物馆的外部也是一样，清除沥青并将博物馆与港湾步行道之间的路面整平，与水相连的直观感觉就此

建立。天气好的时候，打开两个双向折叠的机库式大门，参观者们就可以同时欣赏或参与室内外的活动和表演。这两扇双向折叠的大门直接面朝港道打开，同时它们也是前往自由区域大厅的通道。在那里，可以让普通大众也有机会欣赏博物馆自排的管弦乐。作为该博物馆标志的“大奶瓶”，经过刷新和些许修整后，目前被显著地安置在靠近大门的户外就餐区。一个 23,000 平方英尺、由金属和玻璃搭建成的扩充建筑被设计成一个简单的、几何状电枢，并通过顺着建筑脊柱延展开的玻璃桥梁将原有的三层建筑连接起来。令整个博物馆更加充满活力。同时，这个扩充建筑也成为了博物馆新的正门。良好的开放性及透明度使得博物馆内那些原本隐藏在厚重水泥砖墙后的节目所展现的能量和激情充分展现在世人眼前，也让周边美丽动感的海滨风光一览无遗。波士顿儿童博物馆被视为一座现代“儿童仓库”。其外部的凸出的部分（令人联想起仓库的“容器”）是由木头制成—— 一种温暖、令人倍感熟悉的材料，并且以明亮的绿色斑点加以强调装饰。在巨大的玻璃外墙上错落有致地装饰了一些绿色和黄色的长方形色带，对应色带的玻璃墙外还装有带圆孔的金属板，这样就能使落日余晖透过金属板上的圆孔，将不同颜色的光投射进博物馆内。

在这个博物馆里，孩子们可以走上一张巨型的书桌，桌面上陈放着 5 英尺长的铅笔和 2 英尺长的回形针；他们可以登上一座三层楼房，这座房子是一个被“解剖”开的切面，参观者可以从外部观察房子的结构。此外，孩子们通过地面上的一个小孔，可以看到地下的煤气管子和排水道——这些在城市街道下搏动着的"血管"；他们学习编播电视新闻；脱鞋步入一座包括厨房、浴室和庭园的、地道的日本住宅；他们尝试着使用假肢、轮椅和盲人打字机；他们在超级市场的出口处收款记账等等。在这里，不会发生任何让孩子们扫兴的事情。幼童们往往习惯于"请勿触摸！""当心！"之类的警告，但在这里，他们得到的却是鼓励，可以自由地去登爬、去触摸、去探索、去身体力行。这里的每一件展品几乎都向孩子们敞开，孩子的梦想在这里得到了实现。

波士顿儿童博物馆正努力把自己建设成一个比学校更加生机勃勃的机构，使自己体现生活的本质。正如博物馆主任迈克尔·斯珀克所说："在这里，孩子们将学会管理世界。"

ECOLE DEL RUSCO

Ecole Del Rusco

项目名称：ECOLE DEL RUSCO
项目地址：意大利 博洛尼亚
项目面积：4,500平方米
设 计 师：Ciclostile Architettura

圆弧

对于 Ecole del Rusco 的第四版：关于在 Bologna 艺术和回收的展览，成立了通城的广场艺术和感官之旅，有由年轻设计师设计的专门满足触觉、视觉、味觉、听觉和气味的 5 个装置。

临时艺术设施“Circolare”是使用与原始形式相同的再生材料产品的景观项目。

在其原来形式中的废旧原料和由它制作的物质之间的辩证对立中，有从一个恢复行动展示具体成果和激起那些可以亲自验证这种恢复影响的公众的好奇心的双重的作用。

收集这个对话的容器是象征意义地通过它们的形状表明回收行为的循环过程的大球。

概念设计

新直辖市的建筑矗立在像一个来自某处的巨大钢铁和玻璃的街道中央。这个建筑不属于一个景观，它似乎来自另一个世界雨点般

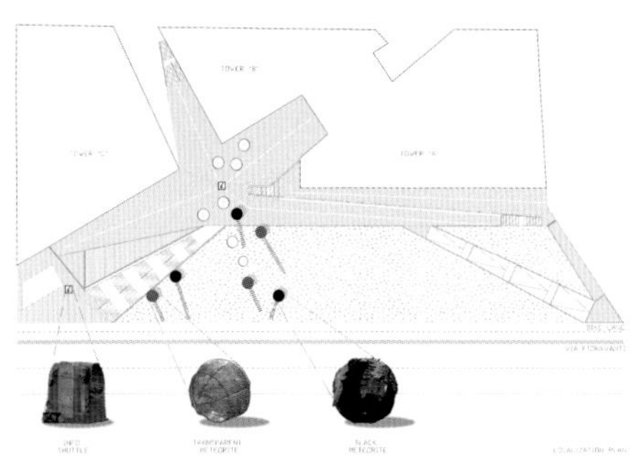

落下的大球体。在它们身后，在草坪上，步道凸显了这些滚动而来的秘密星球的构想。3 个是透明的、覆盖着薄薄铅笔写的， 3 个黑色的，做了一个厚厚的橡胶那样的汽车轮胎。然后包阔原材料，它们是由载于该透明球体的物质形成。

L'ÉCOLE
DEL RUSCO